BEI GRIN MACHT SICH IHR WISSEN BEZAHLT

- Wir veröffentlichen Ihre Hausarbeit, Bachelor- und Masterarbeit

- Ihr eigenes eBook und Buch - weltweit in allen wichtigen Shops

- Verdienen Sie an jedem Verkauf

Jetzt bei www.GRIN.com hochladen und kostenlos publizieren

Lea Schulz

Unterrichtsvorbereitung zur schriftlichen Addition

Bibliografische Information der Deutschen Nationalbibliothek:

Die Deutsche Bibliothek verzeichnet diese Publikation in der Deutschen National-
bibliografie; detaillierte bibliografische Daten sind im Internet über http://dnb.d-
nb.de/ abrufbar.

Impressum:

Copyright © 2005 GRIN Verlag GmbH
Druck und Bindung: Books on Demand GmbH, Norderstedt Germany
ISBN: 978-3-656-55914-6

Dieses Buch bei GRIN:

http://www.grin.com/de/e-book/46077/unterrichtsvorbereitung-zur-schriftlichen-
addition

Gliederung

1. Sachanalyse

2. Didaktische Analyse

3. Lernziele

4. Methodische Begründungen

Literatur

1. Sachanalyse

Die Addition ist eine der vier Grundrechenarten. Das Addieren mehrstelliger Zahlen oder
mehrerer Summanden wird meistens schriftlich ausgeführt und beginnt mit der Addition der
Einer, es folgt die Addition der Zehner, Hunderter usw.(MISCHOWSKI/SCHÜTZ) Um z.B. die
Summe 4632 + 3157 auszurechnen, werden die Zahlen zerlegt. Die Stufenzahlen 1, 10, 100,
1000 usw. werden vorübergehend durch E, Z, H, T usw. bezeichnet. Es gilt: (4T + 6H + 3Z +
2E) + (3T + 1H + 5Z + 7E) = 4632 + 3157. Es wird nun so umgeordnet, dass jeweils die
Zehner, Hunderter etc. addiert werden können. (ATHEN/BALLIER)
Der Übersicht und Einfachheit halber werden im Allgemeinen die zu addierenden Zahlen
untereinander geschrieben. Dabei ist darauf zu achten, dass Einer unter Einern, Zehner unter
Zehnern usw., also Stelle unter gleichnamiger Stelle stehen.

Bsp.:   4632
    + 3157
     7789

Häufig entstehen zwei- oder gar mehrstellige Teilsummen. Dann muss der überschießende
Anteil auf die nächste Stelle übertragen werden.

Bsp.:   6238
    +2987
     9225
(MISCHOWSKI, SCHÜTZ)

2. Didaktische Analyse

In den Intentionen des Lehrplanes Schleswig-Holstein ist die schriftliche Addition für die 3.Klassenstufe der Grundschule vorgesehen. Die Schüler sollen am Ende des Schuljahres im Dezimalsystem schriftlich addieren können und das Verfahren geläufig beherrschen. (Ministerium für Bildung, Wissenschaft, Forschung und Kultur des Landes Schleswig-Holstein, S. 82)

Vor allem sollen die Schüler aber auch sowohl Zusammenhänge in der Realität in mathematische Begriffe umsetzen können, als auch mathematische Begriffe und Operationen in die Realität hineindenken können (ebd.). Denn besonders die schriftliche Addition kann im Alltag viel Anwendung finden. Zum Beispiel, um im Einkaufsladen schnell die Summe nachzuvollziehen, oder um sich Auszurechnen, wie viel Geld man noch sparen muss, um diverse Einzelteile für seinen Computer zu kaufen. Die schriftliche Addition ist besonders sinnvoll anzuwenden, wenn mehrere Summanden, oder Zahlen aus höheren und unüberschaubareren Zahlenräumen addiert werden müssen.

Die schriftliche Addition ist eine schnelle und auch einfache Alternative zum Kopfrechnen. Dies bietet Vorteile für den weiteren schulischen Werdegang der Kinder. Sie müssen sich bei komplexeren Aufgaben nicht mehr hauptsächlich mit der Addition beschäftigen, sondern können sich dem Wesentlichen der Aufgabe zuwenden. In höheren Schuljahren wird die schriftliche Addition dann nur noch als Zwischenschritt verwendet, z.B. beim Berechnen des Umfangs eines unregelmäßigen Sechseckes. Sie ist dann meist nur noch als Nebenrechnung zu verwenden.

Grundlagen für die Vermittlung der Schriftlichen Addition wurden in der schulischen Laufbahn der Kinder bereits gelegt. Sie lernten im 1.Schuljahr die Addition im Kopf (mit und ohne Zehnerübergang). Im 2.Schuljahr werden dann schon halbschriftliche Verfahren angewendet. Als direkte Vorbereitung der Addition dient die Unterteilung des Dezimalsystems in Hunderter (H), Zehner (Z) und Einer (E) und die Übertragung dieser in eine Stellenwerttafel.

Das Thema der Stunde ist den Kindern leicht zugänglich, da als Grundvoraussetzungen nur die Addition bis 20 gefordert werden, dass sie bereits seit Ende der 1.Klasse beherrschen. Die im Mathematikunterricht angestrebten Schlüsselqualifikationen können in dieser Stunde ebenfalls gefördert werden:

- Handlungsabfolgen erkennen, beschreiben und symbolisieren
- Bisher als nicht zusammengehörig erkannte Strukturen verknüpfen

3. LERNZIELE:

1. Die Kinder sollen die schriftliche Addition anwenden können.
2. Die Kinder sollen erfahren, dass die schriftliche Addition aufgrund der Schnelligkeit ihrer Anwendung oft einfacher genutzt werden kann.
3. Die Kinder sollen die schriftliche Addition mit Zehnerübergang anwenden können.

4. Methodische Begründungen

Um in das Thema der Addition einzusteigen, wird den Schülern die Kopfrechenaufgabe 532 + 165 =? gestellt, um den folgenden Sachverhalt mit Bekanntem einzuleiten. Eines der Kinder, das besonders ängstlich dem Mathematikunterricht gegenübersteht, übernimmt die Stoppuhr. Nun sollen die Kinder die Aufgabe so schnell wie möglich, jeder still für sich alleine im Kopf, ausrechnen. Wer die Aufgabe fertig gerechnet hat, steht auf, jedoch ohne das Ergebnis zu nennen. Wenn alle Kinder stehen, wird die Uhr gestoppt. Der Zeitfaktor dieses Rechenspiels ist im weiteren Verlauf der Unterrichtsstunde noch von Bedeutung, um die Zeitersparnis durch die schriftliche Addition zu verdeutlichen. Die Zeit wird an der Tafel vermerkt. Um niemanden bloßzustellen wird nicht von jedem einzelnen Kind verlangt das Ergebnis zu nennen, sondern es steht im Ermessen des Kindes, ob es sich von seinem Platz erhebt oder wirklich solange sitzen bleibt, bis es die Aufgabe gelöst hat. Das Ergebnis der Aufgabe soll von allen Schülern gemeinsam in den Raum gerufen werden, zum einen, um alle zu beteiligen und zum anderen um die Spielphase damit abzuschließen und den Stressfaktor des Zeitmessens wieder wettzumachen. Ein weiterer Grund ist aber auch, dass die Kinder meist das Ergebnis ihrer errechneten Aufgabe auch erfahren wollen.

Die nächste Unterrichtsphase findet im Unterrichtsgespräch statt. Diese Sozialform wurde gewählt, da die Kinder im früheren Unterricht diese Form der Unterrichtsvermittlung gewöhnt waren und eine andere Sozialform wie z.B. den Sitzkreis einen höheren Zeitaufwand bedeuten und in das Pensum dieses Unterrichtsteils nicht mehr hineinpassen würde. Es kommt zur Erläuterung des Themas der Stunde. An der Tafel hängt eine Stellenwerttafel, gestaltet als Maschine, die den Kindern kindgerecht als „Rechenmaschine" vermittelt wird. Zunächst sollen die Schüler die Abkürzungen H, Z, E, die als bekannt vorausgesetzt werden können, entschlüsselt werden. Dies geschieht, um die Themen von vorangehenden Stunden hier aufzugreifen und kurz zu wiederholen. Ebenfalls das Einordnen der Ziffernkärtchen, die mit Kaugummikleber an der Rechenmaschine befestigt werden können, war bereits Thema vorangehender Stunden und wird nun im Zusammenhang mit der Rechenmaschine nochmals angesprochen, bzw. zwei Kinder dürfen nach vorne an die Tafel kommen und die Plättchen ankleben. Dabei ist darauf zu achten, dass Einer unter Einer, Zehner unter Zehner und Hunderter unter Hunderter geheftet werden. Macht ein Schüler etwas falsch, wird etwas gewartet, ob sich die Schüler der Klasse von alleine zu Wort melden und diesen Fehler mitteilen oder berichtigen. Ist dies nicht der Fall wird die Frage, ob ihnen etwas auffiele, an die Klasse gestellt. Als nächstes wird die „Gebrauchsanweisung" der Maschine erklärt. Wenn diese nicht beachtet wird, funktioniere die Maschine nicht mehr. Die drei Regeln sind, dass Einer unter Einern usw. (s.o.) geschrieben werden, dass, wenn man zwei Zahlen oben addiert, eine wieder herauskommt und, dass die Einer mit den Einern, die Zehner mit den Zehnern und die Hunderter mit den Hundertern zusammengezählt werden müssen. An einer zweiten Aufgabe wird dieses Verfahren nochmals im Schüler-Lehrer-Gespräch geübt.

Im Anschluss wird an der Tafel die korrekte Schreibweise der schriftlichen Addition angeschrieben. Diese soll von den Schülern in ihr Mathematikheft übertragen werden, um im weiteren Verlaufe des Themas immer ein Musterbeispiel zur Hand zu haben. Ebenfalls die Überschrift an der Tafel soll übernommen werden. Den Kindern soll vor allem auch deutlich gemacht werden, dass sie mit Lineal arbeiten sollen und ordentlich schreiben müssen, um nicht in der Zeile zu verrutschen.

Sind die ersten Schüler schon fertig mit abschreiben, dann können sie sich schon ihre eigene Rechenmaschine mit Rechenkärtchen von vorne abholen. Dadurch entfallen Wartephasen für Kinder, die schneller abschreiben können als andere. Sie können direkt mit der Übungseinheit beginnen. In dieser Übungsphase sollen sie in Einzelarbeit die Rechenmaschine anhand eines Aufgabenblattes erproben. Die Aufgaben auf dem Arbeitsbogen sind in der Form 423+146=__ geschrieben. Die Aufgabe soll mit den Ziffernkärtchen gelegt und das Ergebnis hinter das Gleichheitszeichen geschrieben werden. Die letzte Aufgabe des Blattes umfasst den Zehnerübergang. Sollten Fragen auftauchen, werden diese im Einzelgespräch behandelt. Zur Differenzierung für schnellere Schüler werden Aufgaben aus dem Arbeitsheft Denken und Rechnen Klasse 3 (S.35 Nr. 2, 3, 4) an die Tafel geschrieben. Die Differenzierung ist in dieser Klasse nötig, da in Mathematik ein starkes Leistungsgefälle in Bezug auf die Schnelligkeit herrscht und einige Schüler deutlich schneller arbeiten, als andere. Die Arbeitsphase wird mit dem Klingen einer Triangel unterbrochen. Dieses Signal wurde gewählt, da dies als Ritual im normalen Unterrichtsablauf eingeführt wurde und die Kinder wissen, dass jetzt eine neue Phase beginnt.

Haben alle die Aufgabe mit dem Zehnerübergang erreicht, wird dieser thematisiert, indem Schüler, die diesen im schriftlichen Verfahren schon verstanden haben, ihren Mitschüler den Sachverhalt erläutern. Dies ist möglich, da mehrere Schüler der Klasse die schriftliche Addition schon von ihren Eltern, Geschwistern oder in anderen Schulen gelernt haben. Ist die

Darstellung nicht ausreichend, wird Spielgeld als Anschauungsmaterial verwendet. Schwächere Schüler können auch weiterhin damit arbeiten.

In der zweiten Arbeitsphase sollen die Schüler in Partnerarbeit weiterhin mit der Rechenmaschine arbeiten. Einer der Schüler legt mit den Ziffernkärtchen eine Aufgabe, die sein Partner abschreibt und im Heft schriftlich rechnet. Er nennt dem ersten Schüler die Lösung, dieser rechnet im Kopf nach, ob diese richtig ist. Somit wird die Fehlerkontrolle in den Ablauf der Arbeitsphase integriert. Danach ist der andere Schüler an der Reihe. Da die Klasse eine Klassenstärke von 25 Schülern hat, werden 12 Zweier- und eine Dreiergruppe gebildet. Zur Differenzierung werden bestimmte Kärtchen an leistungsstarke Schüler verteilt, die z.B. beinhalten: „Stelle die Aufgabe so, dass ein Ergebnis zwischen 400 und 500 herauskommt." Die zweite Arbeitsphase wird wieder durch das Triangelsignal beendet. Die Kärtchen und die Rechenmaschinen werden von zwei Schülern eingesammelt, um in der folgenden Unterrichtssituation nicht von dem Material abgelenkt oder gar aus Platzgründen gestört zu werden.
Sind sie fertig, können sie nach vorne kommen und sich die Hausaufgaben aus zwei unterschiedlichen Kästen abholen. Einmal für diejenigen, die noch üben wollen etwas leichtere Aufgaben vom bekannten Typ, auf dem anderen Arbeitsbogen sind anspruchsvollere Aufgaben gestellt. Die Schüler dürfen selbst entscheiden, welchen Bogen sie mit nach Hause nehmen oder sogar beide. Die Arbeitsbögen sind so konzipiert, dass kein Ergebnisvergleich vonnöten ist, sie bieten eine Art Selbstkontrolle. Wichtig ist, dass die Schüler die Hausaufgabenbögen sofort in ihre Hefter abheften und nicht schon im Vorfeld damit beginnen.

Am Ende der Stunde wird nochmals das Spiel, das zum Einstieg in das Thema verwendet wurde, aufgegriffen. Dieses Mal wird die Klasse in zwei Gruppen geteilt. Die eine rechnet eine Aufgabe schriftlich auf vorbereiteten kleinen Zetteln, die andere Gruppe rechnet dieselbe Aufgabe, die für diese an der Tafel geschrieben steht. Es wird mit zwei Stoppuhren von Schülern gestoppt, und die Zeiten auf einer vorbereiteten Tabelle an der Tafel vermerkt. Das Spiel soll nochmals motivieren, aber auch aufzeigen, wie schnell man mit der schriftlichen Addition schwierige Aufgaben ausrechnen kann. Falls jedoch die Gruppe der Kopfrechner schneller sein sollte, wird auf die Hausaufgaben verwiesen, in denen das Verfahren noch mal geübt werden kann. Die Gruppen werden nach jeder Aufgabe getauscht, damit abwechselnd schriftlich und im Kopf gerechnet wird. Das Spiel kann solange gespielt werden, bis das Ende der Stunde erreicht ist. Ist vorauszusehen, dass nach der Hausaufgabenvergabe nicht mehr genügend Zeit für das Spiel übrig bleibt, werden an die ganze Klasse kleine Zettel ausgeteilt, auf denen sie eine Aufgabe schriftlich rechnen sollen. Die Zeit wird gestoppt und mit der Zeit vom Anfang der Stunde verglichen.

Die Schüler werden verabschiedet.

Literaturverzeichnis

MISCHOWSKI, HERBERT/SCHÜTZ, HELMUT: „Schülerduden. Die Mathematik I. Bis 10.Schuljahr." Mannheim, 1972 (Bibliographisches Institut).

ATHEN, HERMANN/ BALLIER, FRIEDHORST: „Die neue Mathematik für Schüler + Eltern. 1.-13. Schuljahr." Gütersloh, 1972 (Bertelsmann GmbH).

MINISTERIUM FÜR BILDUNG, WISSENSCHAFT, FORSCHUNG UND KULTUR DES LANDES SCHLESWIG-HOLSTEIN: Lehrplan Schleswig-Holstein, URL: www.lernnetz-sh.de (Stand: 28. Dez. 2004)